KB084013

재료의 산책

여름의 일기

요나 지음

Ⓐ

여름의 일기

목차

가지

가지는 호불호가 분명하게 갈리는 편이다. 재미있는 사실은 불호의 사람들이 가지에 불쾌함을 느끼게 된 대부분의 계기가 가지의 물컹한 식감 때문이라는 점이다. 심지어 나의 사촌은 가지의 식감을 '외계인의 뇌' 같다고 표현한다. 나 또한 스물두 살 때 가지 칠리 샌드위치를 먹기 전까지는 불호에 가까운 사람이었다. 그 샌드위치에는 여러 가지 콩으로 진하고 매콤하게 끓인 칠리소스와 튀긴 가지, 사워크림과 잎채소가 들어있는데, 가지의 물컹함이 이토록 필요한 요리가 있다는 사실에 놀랐었다. 이때까지 제자리를 찾아주지도 못하고 멀리하던 가지에게 괜히 미안했다. 적재적소適材適所의 의미를 다시금 새겨본다.

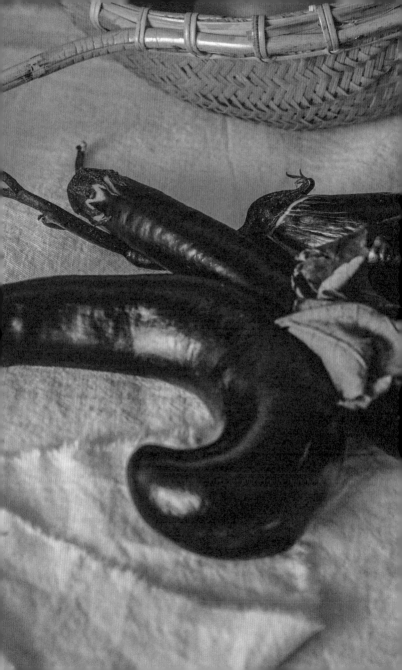

가지를 튀겨
간장과 식초에 절이다

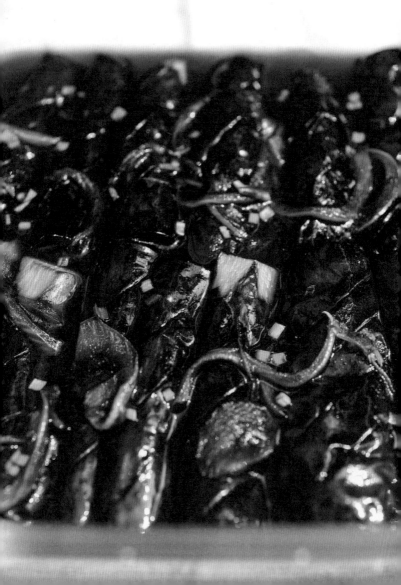

단 5분일지라도 깊은 맛에 다다를 때까지 기다려야 하는 요리들은 흥미롭다. '조금 더 차가워질 때까지, 조금 더 맛이 베도록' 기다리며 그 맛을 상상하는 시간 또한 요리 과정의 일부다. 탱탱한 껍질 속에 부드러운 과육을 안고 있는 가지의 매력을 살리는 요리법 중 하나인 가지 마리네이드도 기다림이 곁들여져야 하는 요리다.

재료

가지 두 개, 양파 반 개, 식용유, A(말린 표고버섯물 100ml, 간장 3Ts, 식초 3Ts, 생강 간 것 0.5ts, 쪽파 썬 것 조금)

* Ts(테이블스푼), ts(티스푼)

만드는 법

먼저 얇게 썬 양파를 A와 함께 가볍게 끓인 뒤 식혀 마리네이드액을 만든다. 프라이팬에 가지가 반쯤 잠길 정도의 식용유를 넣고 높은 온도로 달군다. 먹기 좋은 크기로 자른 가지를 노릇하게 튀긴다. 건져낸 가지가 완전히 식기 전에 마리네이드액에 담근 뒤 1시간 정도 가지가 새콤함을 흡수할 수 있도록 기다린다. 냉장고에 넣어두었다 차게 먹어도 좋다. 곱게 간 무와 함께 소면이나 우동 위에 올려 먹어보자.

Tip.
1. 여름 채소 가지는 저온건조의 환경을 싫어한다. 냉장고에 넣으면 씨가 까맣게 되거나 상하기 쉬우니 상온에 보관하자. 소쿠리처럼 통풍이 잘되는 곳에 넣어두고 가끔씩 물을 뿌려주면 싱싱함이 좀더 오래간다.
2. 가지는 기름을 잘 흡수하기때문에 저온의 기름에서 천천히 튀기면 스펀지처럼 기름을 쭉쭉 빨아들여 칼로리가 높아지고 물컹해진다. 고온에서 바삭하게 요리하자.
3. 매콤한 맛을 원한다면 건고추를, 달콤한 맛을 원한다면 설탕을 추가해도 좋다. 간장과 식초 대신 발사믹 식초와 올리브오일에 절이면 이국적으로 즐길 수 있다.

가지를
통째로 굽다

토스터나 오븐에 가지를 통째로 구워보자. 가지를 튀기지 않고 구우면 좀더 담백한 가지 본연의 맛을 느낄 수 있다.

재료

가지와 원하는 고명

만드는 법

오븐팬에 종이호일을 깔고 200도로 예열한 오븐에 가지를 15~20분 정도 구우면 마치 바나나처럼 껍질이 스르륵 벗겨진다. (오븐이 없다면 약한 가스불 위에서 오징어를 굽듯이 천천히 돌려가며 구워도 된다. 이 경우 긴 집게 등을 사용해 화상을 입지 않도록 주의한다. 껍질이 탈 때까지 굽는 게 좋다.) 벗겨낸 가지의 속살에 간장이나 된장, 각종 드레싱을 올려보자 가볍게 온리브오일과 소금, 후추, 식초약간에 절여도 상큼하다. 단, 갓 구워진 통가지는 껍질을 벗기는 순간 몸속에 가지고 있는 고열과 수분을 뿜어내므로 주의한다. 굽기 전에 미리 이쑤시개로 몸통 상단에 5~6군데 정도 열이 빠질 구멍을 내놓는다.

Tip.
가지를 찌거나 구울 때, 또는 절일 경우에는 썰어서 미리 10분 정도 물에 담가 놓거나 소금을 뿌려놓으면 역시 잡맛을 없애고 보랏빛을 유지할 수 있다.

가지의 껍질을 벗겨
차가운 수프를 만들다

재료

가지 3개, 당근 ¼개, 양파 ½개, 옥수수알 40g, 마늘 1쪽, 물 100ml, 채수 400ml,
올리브오일 2Ts, 소금

만드는 법

가지는 필러로 껍질을 벗기고 물에 잠시 담가둔다. 당근, 양파, 가지 모두 어슷썰
기, 마늘은 슬라이스하여 준비한다. 냄비에 올리브오일을 두르고 마늘을 넣어 약
불에서 향을 낸다. 당근과 양파를 넣어 양파가 투명해질 때까지 볶다가 가지와 옥
수수알을 넣고 조금 더 볶은 뒤 물 100ml를 먼저 넣고 뚜껑을 덮어 5분가량 끓인
다. 채수를 넣고 재료가 모두 부드러워질 때까지 끓인 뒤 불에서 내려 블렌더로
곱게 간다. 채수의 반은 두유로 대체해도 괜찮다. 소금으로 간을 맞춘다.

피망

탱글탱글 물이 오른 피망은 신선할 때 얇게 채 썰어 잠시 물에 담가뒀다가 샐러드에 올린다. 조금이라도 무르면 아삭함을 잃고 매워지기 때문에 생식으로 즐기는 시간은 한순간이다. 빨갛게 숙성된 홍피망을 파프리카와 헷갈리기도 하는데, 파프리카는 피망의 개량종이다(네덜란드어로 파프리카는 피망을 뜻한다). 모양새는 비슷해도 파프리카의 당도가 피망보다 2배가량 높아 구분해서 사용할 필요가 있다. 피망은 고추와 맛이 비슷해서인지 스위트 페퍼Sweet Pepper 라 불리기도 한다. 고추의 매운맛과 양파의 단맛을 모두 품은 피망을 잘 구슬려보자.

피망을 통째로
생강과 간장에 조리다

채소 한 종류만 가지고 어떤 요리를 할 수 있을까 궁금해져, 각 재료의 성격을 파악해보는 버릇이 생겼다. 피망을 예로 들자면, 맵고 떫은맛은 세로로 뻗어있는 섬유질에서 나오기 때문에 볶음 요리를 할 때는 결에 따라 세로로 썰어 조리하고, 데치거나 졸일 때는 가로로 썰어 국물에 매운맛을 흘려보낼 수 있다. 꼭 썰어야만 할까? 그렇지 않다. 통째로 그릴에 구워 먹거나 조려 먹어도, 구워서 껍질을 벗겨 식초에 담가두고 마리네이드로 먹어도 된다.

재료

피망 3~4개, 물 100cc, 간장 3Ts, 청주 3~4Ts, 비정제 설탕 1ts, 생강 5g

만드는 법

피망을 잘 씻어 이쑤시개로 열 곳 정도 구멍을 뚫는다. 생강은 얇게 채 썬다. 냄비에 모든 재료를 넣고 뚜껑을 덮어 약불에서 15분가량 조린다. 피망의 크기에 따라 재료의 분량은 조절한다.

Tip.
더운 기후에 익숙한 피망을 찬 냉장고 속에 넣어두기보단 신문지에 싸서 햇빛이 들지 않는 시원한 곳에 두자. 피망은 안쪽에서부터 상하기 때문에 냉장 보관을 해야 한다면 꼭지와 씨를 모두 제거한 상태로 넣어둬야 한다.

피망과 고기를 매콤달콤하게 볶아
바질 잎을 뿌리다

경제가 어려워지면 매운 음식을 파는 음식점이 성황을 이룬다는 흐름, 어찌 보면 자연의 흐름과 비슷하다. 여름이 되면 맵고 짠 음식을, 겨울이 되면 순하고 부드러운 음식을 찾게 되는 건 우리의 몸이 끊임없이 계절에 반응하고, 또 말을 건네고 있다는 표시다. 피망은 중남미에서 태어난 열대성 채소다. 여름이 다가와 피망이 익어 오르면 뜨거운 불에 고기와 함께 매콤달콤하게 볶아 땀을 닦아가며 먹고 싶다는 생각을 한다. 지금 소개할 태국 음식, '가파오 라이스'가 바로 그런 '여름의 음식'이다. 피망이 더운 시기에 매콤한 맛을 가지고 태어난 이유를 납득하지 않을 수 없다.

재료

피망 1개, 홍피망 ½개, 양파 ½개, 다진 돼지고기 혹은 닭고기 200g, 마늘 3쪽, 건고추 1개, 바질 잎 7~8장, 참기름 1Ts, 청주 1Ts, 달걀 2개, 밥 1공기, A(피쉬소스 또는 액젓 1Ts, 물 1Ts, 미소 2ts, 간장 2ts, 비정제 설탕 1ts, 소금, 후추 약간)

만드는 법

마늘을 잘게 다지고 양파와 피망은 약 1cm 넓이로 썬다. 프라이팬에 참기름을 두르고 마늘과 건고추를 부숴 넣어 약불에서 향을 낸다. 양파와 피망을 넣어 양파가 투명해질 정도로 볶은 뒤 다진 고기를 넣고 중불에서 잘 부숴가며 볶는다. 고기의 색이 다 변하면 청주를 넣어 잡내를 날려준다. A와 바질 잎을 5~6장 잘게 찢어 넣고 볶는다. 구운 달걀과 밥, 볶은 고기를 함께 그릇에 담아 남은 바질 잎을 뿌린다.

주키니

채소라면 진저리를 치며 싫어하는 친구가 있어 도대체 왜 그렇게 싫어하냐고 물었더니 채소에서 '정원의 맛'이 난다고 말했다. 집 마당을 입속에 가득 넣고 우물대는 것 같다며 절레절레 고개를 흔들었는데, 날카롭도록 정확한 표현이다. 채소 요리란 마당의 맛을 사랑스럽게 조리해내는가 그렇지 못하는가의 문제다. 비교적 과일에 가까운 맛을 가진 주키니는 어색한 풀 내음이 나지 않게 요리하기 쉬운 재료 중 하나다. 모양이 크고 뚱뚱해서 돼지호박이라 불리는 서양 채소 '주키니'는 다른 호박에 비해 재배 방법이 단순하고 수확량이 많아서 가격이 저렴하다. 하지만 그렇다고 애호박의 대체품으로 생각한다면 오산이다. 주키니는 애호박과는 애초부터 같은 길을 갈 수 없는 운명을 타고 난 채소로, 껍질이 두껍고 수분이 많다. 반면 애호박은 껍질이 부드럽고 단맛이 있어 그대로 무침 요리나 끓임 요리에 넣기에 적합하다. 만약 된장찌개나 나물 반찬 등 애호박이 들어갈 자리에 주키니를 넣는다면, 마치 한복을 차려입은 금발의 서양인 같은 모습이 될 것이다. 주키니에게는 수분을 잘 활용한, 혹은 잘 제거하는 레시피가 필요하다.

주키니를 구워
샐러드에 올리다

식사에 곁들일 샐러드의 구성은 단순해 보이지만 의외로 까다롭다. 난관에 부딪힐 때도 많다. 녹색 잎들과 함께 어울릴 만한 부재료를 고심하다 보면 메인 디시보다 손이 더 많이 가는 사태가 벌어지거나, 반대로 존재감이 너무 희미해져 따분해지고 만다. 아주 조금의 화젯거리가 필요할 때 '채소구이'라는 손쉬운 카드를 써보자. 주키니도 구워보고 가지와 감자, 양파도 구워보자. 주키니의 수분을 날려 고소하게 만들듯 조리대 앞에서 물렁대는 생각의 수분도 간단하게 날려버릴 필요가 있다.

재료

원하는 양의 주키니, 베이컨, 식용유, 방울토마토, 잎채소와 드레싱

만드는 법

주키니와 베이컨을 얇게 썰어 식용유를 두른 프라이팬에서 노릇할 정도로 굽는다. 베이컨은 바싹하게 튀긴다는 느낌으로 굽자. 그릴이 있다면 주키니는 그릴에 굽는 것이 한층 더 맛있다. 채소를 잘 썻어 물기를 털고 그릇에 담은 뒤 방울토마토나 견과류, 치즈 등을 올린다. 기호에 맞게 원하는 드레싱을 뿌려 마무리한다. 시저 드레싱 같은 풍부한 맛도 어울리지만 간단히 올리브오일에 소금과 넉넉한 후추, 간장, 식초를 섞은 오일 드레싱도 잘 어울린다.

주키니의 껍질을 벗겨
달걀과 볶다

이 요리의 이름은 '사란고요Zarangollo'이다. 스페인 무르시아Murcia 지방의 요리로, 주키니나 감자 같은 작물을 양파, 달걀과 볶는 간단한 레시피다. 유쾌한 스페인 사람들이 한 손에는 샹그리아나 와인을, 한 손에는 사란고요를 올린 바게트를 쥐고 있을 장면을 상상하면 무더운 여름밤에도 편히 잠들 수 있을 것만 같다. 맛있는 술에는 화려한 안주보다 점잖은 안주가 괜찮다. 요리에는 힘을 빼는 대신 아주 좋은 술을 한 병 구하는데 힘 써보는 것도 나쁘지 않겠다.

재료

주키니 250g, 양파 ⅓개, 마늘 한 쪽, 달걀 1~2개, 올리브오일 1Ts, 소금, 후추

만드는 법

필러로 주키니의 껍질을 벗겨 양파와 함께 2cm 정도로 깍둑썰기한다. 달걀을 작은 볼에 풀어둔다. 얇게 슬라이스한 마늘을 올리브오일을 두른 팬에 약불에서 구우며 향을 낸다. 양파와 주키니를 넣고 중불에서 1~2분간 볶다가 물을 1Ts 정도 넣고 다시 약불에서 뚜껑을 덮고 10분간 익힌다. 주키니가 부드러워지면 불을 올리고 달걀을 넣고 스크램블을 만들듯 뒤적이며 섞는다. 소금, 후추로 간을 맞춘다.

주키니를 갈아 넣어
빵으로 굽다

생각보다 큰 주키니는 한 번에 다 먹기에는 조금 벅차다. 데굴데굴 굴러다니는 주키니를 처리하기 위해 안성맞춤인 요리, '주키니 브레드'. 주키니가 흠뻑 머금고 있는 수분은 버터와 우유를 대신해 빵 전체를 촉촉하게 만들어준다. 기호에 따라 시나몬이나 넛맥Nutmeg 같은 향신료를 더하거나, 디저트로 먹고 싶다면 초코칩이나 견과류, 말린 과일을 넣어서 굽자.

재료

A(주키니 간 것 200g, 달걀 1개, 포도씨유 80~90cc, 꿀 1Ts), 말린 과일 한 줌, 호두 조금, B(밀가루 130g, 비정제 설탕 50g, 베이킹파우더 1ts, 시나몬 1ts, 넛맥 0.25ts, 소금 한 꼬집)

만드는 법

오븐을 180도로 예열한다. 주키니를 강판으로 갈거나 칼로 얇게 썬다. A와 B를 각각 다른 볼에 넣고 잘 섞는다. A에 B를 넣고 가루가 모두 잘 풀리면 파인애플이나 살구 등의 말린 과일과 호두를 넣고 섞는다. 머핀틀에 머핀컵을 깔고 반죽을 부어 오븐에서 20~25분가량 굽는다. 이쑤시개나 젓가락으로 찔러봤을 때 반죽이 묻어 나오지 않으면 완성이다.

토마토

요즘은 늘 집 안의 어딘가에 꽃을 꽂아두거나 채소를 말려둔다. 하루하루 조금씩 변해가는 그들의 모습에서 햇빛과 바람, 시간이 보인다. 말리는 습관을 가지기 전에는 보이지 않던 것들이다. 꽃은 시들고 채소는 쭈글쭈글해지지만 그 모든 자연스러운 흐름이 아름답다. 아침에 일어나 꽃을 확인할 때는 혹여나 시들었을까 초조했다면, 채소는 얼마나 더 잘 말랐을까 설레고 하루만 더 말려볼까 기다려도 본다. 채소를 말리면 실제로 영양소도 맛도 더 응축된다.

토마토를 햇빛에 말려
올리브오일에 볶다

채소를 말리는 일은 어떤 이에게는 즐겁고 어떤 이에게는 귀찮은 일이다. 그 기준은 요리를 좋아하는가와 관계없이 '시도해본 사람인가 그렇지 않은가'에 있다. 가지, 호박, 버섯 등의 채소를 말리면 수분이 빠져 보존 기간이 길어질 뿐만 아니라 맛과 영양소가 농축된다. 한 팩을 사서 주워 먹고 요리해 먹다 남은 방울토마토는 반으로 잘라 햇빛과 바람이 지나가는 곳에 가만히 말려보자. 하루에서 이틀 정도 말려서 아직 수분기가 있다면 올리브오일에 담가 보관하고, 바짝 말린 건 그대로 상온에서 보관할 수 있다. 샐러드 위에 올리고, 오일에 볶아 파스타와 섞어보고 볶음밥에도 볶아서 넣어보자. 말려만 두면 이보다 편한 재료가 또 없다.

재료

방울토마토, 소금, 햇빛, 바람, 시간, 올리브, 올리브오일, 각종 허브(로즈마리, 월계수 잎 등)

만드는 법

방울토마토를 반으로 썬다. 단면이 위로 오도록 채반 위에 놓은 뒤 소금 약간을 고르게 흩뿌린다. 10분 뒤 키친타월로 토마토 단면에 맺힌 수분을 가볍게 닦아낸 뒤 집 안에서 가장 해가 잘 들고 바람이 통하는 곳에 놔둔다. 날씨에 따라 달라지나 3일에서 길게는 5일 정도면 잘 마른다. 중간쯤 한 번 뒤집어준다. 습기가 너무 많은 곳에서 말리면 곰팡이가 필 수 있으므로 최대한 건조한 곳에서 말리자. 혹여나 시간이 부족하다면 100~120도로 예열한 오븐에서 3~4시간가량 굽는다.
잘 마른 토마토는 빈 병에 토마토가 모두 담길 정도의 올리브오일과 마늘, 허브 등을 함께 넣어 냉장고에 보관한다. 그대로 샐러드나 샌드위치, 파스타에 사용할 수 있다. 이번에는 말린 방울토마토와 올리브와 마늘을 잘게 다져 볶아본다. 프라이팬에 올리브오일을 두르고 마늘을 넣어 약한 불에서 향을 낸다. 마늘 향이 나면 토마토, 올리브를 넣고 으깨듯 볶는다. 소금, 후추로 간을 한다.

토마토를 통째로 넣고
밥을 짓다

가만히 앉아만 있어도 땀이 나는 한여름이면 되도록 불을 쓰고 싶지 않다. 그럴 때는 밥솥의 힘을 빌려 토마토를 통째로 넣고 토마토밥을 만든다. 잘 씻은 쌀 위에 꼭지를 도려낸 토마토를 살포시 얹고 가끔은 채소와 버섯도 썰어 넣는다. 차가운 오이냉국도 잘 어울리고, 가지튀김이나 두부구이도 잘 어울리겠다. 불을 안 쓰려고 시작했는데 결국 다시 불 앞에 서게 하는 맛이다.

재료

쌀 2컵, 토마토 1개, 올리브오일 2ts, 물, 마늘, 소금, 후추

만드는 법

밥솥에 쌀을 잘 씻어 넣고 평소대로 물의 양을 맞춘 뒤, 토마토의 수분을 고려하여 0.25컵 정도의 물을 덜어낸다. 토마토의 꼭지를 따서 없앤다. 이때 토마토의 껍질이 신경 쓰인다면 토마토에 십자로 칼집을 낸 뒤 끓는 물에 10초간 담가 껍질을 벗겨낸다. 잘게 다진 양파나 당근, 버섯 등을 넣어도 좋다. 조금 더 진한 맛을 원한다면 토마토퓌레나 채수를 넣어 짓는다. 마늘은 통째로 프라이팬에 올리브오일을 두르고 약불에서 노릇하게 구운 뒤 오일과 함께 밥솥에 넣는다. 밥이 다 지어지면 주걱으로 토마토를 으깨 밥과 함께 뒤섞어준다.

토마토를 끓이고
걸러 졸이다

토마토소스를 직접 만들어 먹으려면 껍질을 벗기고 다지거나 갈아야 하니 여간 번거로운 일이 아니다. 하지만 햇빛을 잔뜩 머금고 오동통하게 단맛 오른 여름 토마토라면 힘 한 번 빼볼 만큼의 가치가 있다. 토마토를 천천히 끓이고 걸러 퓌레Puree(각종 채소나 곡류 등을 삶아 걸쭉하게 만든 것)로 만들어 놓으면 생토마토와 섞어 '토마토X토마토' 파스타를 만들거나 바나나, 당근과 함께 갈아 사우전드 아일랜드 드레싱으로도 만들 수 있다. 남은 것은 냉동실에 넣어 겨울에도 여름을 맛보는 사치를!

재료

토마토 퓌레(토마토 적당량, 소금, 식초), 사우전드 아일랜드 드레싱(토마토 퓌레 0.5컵, 바나나 ½개, 양파 ¼개, 당근 ⅙개, 올리브오일 2Ts, 식초 2Ts, 소금과 후추 적당량)

만드는 법

토마토 퓌레 토마토 꼭지를 따고 6~8등분으로 잘게 썬다. 냄비에 토마토를 넣고 약한 불에서 눌어붙지 않게 가끔 저어주며 뭉근하게 끓인다. 껍질이 벗겨지고 열매의 형태가 없어지면 불을 멈추고 망에 거른다. 거른 토마토는 냄비에 다시 담아 졸여 수분을 날린다. 소금과 식초로 간을 한다.

사우전드 아일랜드 드레싱 양파, 당근을 잘게 썰어 모든 재료를 블렌더에 간다. 밀폐 용기에서 1주일가량 보존 가능하다.

두부

하얗고 네모난 방 안에 있는 상상을 한다. 아무 소리도 들리지 않는다. 순백의 두부와 마주하고 있을 때도 그렇다. 오랜 시간과 정성을 담아 만들어진 두부이기에 미세한 떨림까지 고스란히 전달된다. 만드는 사람도, 먹는 사람도 집중하게 하는 힘을 가진 음식이다. 불편함의 매력을 아는 사람이 좋다. 오랜 시간에 걸쳐 묵묵히 기다려야 하는 그런 불편함 말이다. 참나무 장작을 때어 스모크로 몇 시간 동안 고기를 굽는 일, 몇 달간 숙성시켜야 하는 여러 장류. 편리함만을 기대한다면 오래 기다려야 완성되는 요리들 또한 사라지고 마는 날이 올 것이다. 최근 들어 갓 만들어져 모락모락 김이 나는 손두부를 파는 곳을 찾기가 힘들어졌다. 아무 말도 없는 긴 시간을 설렘으로 견딜 수 있는 사람과 그런 요리들이 오래 숨 쉬었으면 좋겠다.

두부를 으깨고 초콜릿과
함께 녹여 크림으로 만들다

예전에 비건Vegan 카페를 운영한 적이 있었다. 당시 비건도 베지테리언도 아니던 내게 유제품과 고기류를 쓰지 않고 식사와 디저트 메뉴를 만드는 것은 쉽지 않은 일이었다. 그런 내게 슈퍼맨처럼 도와주는 이가 있었으니 바로 두부였다. 활용의 폭이 어마어마한 두부는 '단호박 두부 푸딩 파이', '데리야키 두부 샌드위치', '두부 크림 파스타', '두부 마요네즈' 등 쉼 없이 아이디어를 내주었다. 특히 휘핑크림을 못 먹는 나에게 케이크 위에 바른 두부 무스는 그야말로 신세계였다. 두부를 정성들여 곱게 갈면 그 식감은 커스터드 크림 부럽지 않게 부드러워진다.

재료

두부 300g, 다크 초콜릿 200g, 메이플 시럽 1ts, 올리브오일 1Ts, 소금 한 꼬집

만드는 법

초콜릿을 중탕하여 녹인다. 볼에 물기를 뺀 두부와 올리브오일을 넣고 핸드블렌더로 크림 상태가 될 때까지 부드럽게 간다. 두부가 담긴 볼에 중탕한 초콜릿, 메이플 시럽, 소금을 함께 넣고 섞는다. 이때 초콜릿과 메이플 시럽 대신 말린 허브나 후추를 추가하면 담백한 두부딥으로 사용할 수 있다.

두부를 곱게 갈아
티라미수를 만들다

고등학생 때부터 줄곧 하루빨리 삼십 대가 되고 싶었다. 삼십 대가 되면 고상한 말을 능숙하게 쓸 줄 알고, 빠릿빠릿하게 전문적인 일을 하며, 성숙한 사랑을 하고 있을 것만 같았다. 이제 그토록 꿈꿔오던 삼십 대가 목전인데 나는 여전히 말을 서툴게 하며, 뚜렷한 직업도 없고, 그려오던 연인도 없다. 마치 허리에 거대한 튜브를 낀 채 물 위에 둥둥 떠 있는 느낌이다. 예전보다 시답잖은 장난에 서툴러지고 이유 없는 사랑에 무뎌졌다. 그럼에도 불구하고 여전히 꿈을 꾼다. 사십 대가 되면 꽃에 대해 잘 알고, 멋진 그릇을 많이 가지고 있으며, 시끄럽지 않은 맛의 요리를 할 수 있고, 녹색이 많은 곳에서 살고 싶다. 아, 고양이가 두 마리쯤 같이 있었으면 좋겠다. 이번에는 정말로 이루어질 것 같은 예감이 드는데, 어쩌려나.

재료

두유 50~100ml, 두부 반 모, 조청 3~4Ts, 올리브오일 1Ts, 소금 한 꼬집, 카스텔라 적당량, 커피 적당량, 코코아 파우더 적당량, 취향에 따라 럼주와 말린 과일

만드는 법

두부는 키친타월로 감싸거나 채반 위에 올리고 무거운 물건을 올려 물기를 빼놓는다. 볼에 두부, 두유, 조청, 올리브오일, 소금을 넣고 두부 넝어리가 보이지 않을 때까지 블랜더로 곱게 간다. 두부의 물기에 따라 두유의 양을 조절한다. 커피는 에수프레소, 더치, 드립 등 가능한 것으로 자유롭게, 진하게 준비한다. 카스텔라를 2cm 두께로 썰고 커피에 담가 충분히 촉촉하게 적신다. 그릇에 카스텔라, 두부, 카스텔라, 두부 순으로 차곡차곡 올린다. 마지막으로 망을 이용하여 코코아 파우더를 골고루 곱게 뿌린다. 취향에 따라 말린 과일(무화과, 살구, 감 등)을 럼주에 절여 두었다가 두부와 카스텔라 사이에 끼워 넣어보자. 혹은 졸인 사과잼이나 귤잼 등을 넣어도 좋다.

오이

여름이다. 겨울 내내 그렇게도 그리워하던 계절이 왔다. 오이는 95퍼센트가 수분인 갈증 해소 전용 채소다. 찬 성질을 가진 오이는 볕으로 뜨거워진 우리의 몸에 수분을 공급하고 체온을 안정시켜준다. 여름날 오랜시간 자외선에 노출된 얼굴 위에 오이를 얇게 썰어 올리는 이유도 열을 식히는 오이의 이런 효과 때문이다. 게다가 알코올 분해 능력까지 뛰어나다 하니 여름밤 시원한 맥주를 벌컥벌컥 들이켠 날에는 오이를 사 들고 가는 것도 나쁘지 않겠다.

오이와 토마토와
가지를 넣어 여름을 볶다

문득 무언가를 떠오르게 하는 힘을 가진 것들이 있다. 생오이를 베어 물 때면 언제나 여름의 밭이 떠오른다. 대학생의 어느 여름 작업을 하기 위해 일본 야마나시현山梨県의 산속에 있는 고택에 일주일간 머물게 된 적이 있었다. 고택의 뒷마당에는 여러 가지 채소들이 주렁주렁 열린 텃밭이 있었는데 매일 아침 갓 딴 오이를 찬물에 담가 두었다가 된장을 조금 얹어 아그작 베어 물던 순간이 가장 또렷하게 기억에 남는다. 에어컨도 선풍기도 없던 고택의 무더위 속에서 느낄 수 있는 유일한 시원함이었다. 제철일 때 물오르는 것은 모든 작물이 그렇겠지만 오이는 그 차이가 정말로 확연하다.

재료

오이 1개, 가지 1개, 토마토 1개, 올리브오일 2Ts, 다진 마늘 1ts, 건바질 0.5ts, 소금, 후추

만드는 법

오이, 가지, 토마토를 먹기 좋은 크기로 썬다. 프라이팬에 올리브오일을 두르고 다진 마늘을 넣어 약한 불에서 향을 낸다. 제일 먼저 가지를 넣고 중간 불에서 볶는다. 가지가 노릇해지면 오이를 넣고 소금, 후추로 간을 맞춘다. 오이가 적당히 익으면 토마토와 건바질을 넣고 토마토를 약간 으깨주는 느낌으로 볶는다. 접시에 담고 기호에 따라 치즈를 뿌린다.

Tip.
오이를 손질할 때 표면에 소금을 묻혀 도마에서 굴리거나 양손으로 비비듯 문지른다. 수분이 조금 나오면 채 위에 올려 뜨거운 물을 골고루 두른다. 열기를 식힌 뒤 마른 천이나 키친타월로 물기를 닦는다. 이 과정을 거치면 오이 특유의 풋내가 사라지고 깨끗한 맛이 남는다.

오이를 두들겨
부숴 버무리다

어릴 때는 많은 지식을 가진 어른들이 훌륭해 보였다. 생각 없이 던진 질문에 노래의 한 구절 같은 대답이 술술 돌아올 때면 누구보다 빛나보였다. 하지만 어른들의 훌륭함이 언제나 지식의 양과 비례하는 것은 아니었다. 내가 디자인이 아닌 회화과로 대학 진학을 결심한 이유도 비슷했다. 세상엔 아름답고 복잡한 것이 너무나도 많아서 그 방대한 무언가를 보기 전에 우선 마음을 유연하게 만들 필요가 있는 듯하다. 오이를 두들겨 부숴야 맛이 배어드는 조리법이 있듯, 두들겨 부숴야 할 마음들이 아직 많이 쌓여있다.

재료

오이 1개, 말린 톳 혹은 말린 다시마 10g, 간 생강 1ts, 소금, A(간장 1Ts, 식초 1Ts, 참기름 1Ts, 참깨1ts)

만드는 법

말린 톳(다시마)을 물에 불려둔다. 불린 톳(다시마)을 잘게 손질한다. 오이를 잘 씻은 뒤 도마 위에 놓고 밀대 같은 도구로 3~4회 내려친다. 부서진 오이는 4~5cm 길이로 자른다. 볼에 오이를 넣고 간 생강을 넣어 버무린다. 톳(다시마)과 A도 넣고 다시 잘 버무린다. 소금으로 간을 맞춘다.

Tip.
오이를 두들겨 부수면 멋대로 울퉁불퉁 부서진 표면으로 간이 더 잘 스며든다. 비교적 단시간에 절임의 효과를 볼 수 있다.

오이와 숙주를
아삭하게 무쳐 차게 식히다

친구가 지나가는 연인의 커플 운동화를 유심히 보더니 말한다. 남자의 운동화는 뒤끝이 너덜너덜하게 닳아있는데 여자의 운동화는 마치 새것 같았다며 아무래도 남자가 여자를 더 사랑하는 것 같다고. 여자는 종종 구두를 신었기 때문일 거야, 하고 동정의 말을 던져보지만 왠지 모르게 짠한 기분이 된다. 문득 옛 연인이 떠오른다. 무뚝뚝한 그는 내 어깨에 손을 두르지도 손을 맞잡지도 않은 채 언제나 20cm는 거리를 두고 걸었다. 우리가 운동화를 맞춰 신었다면 내 운동화만 밑창이 닳아있었을까? 하지만 그래도 좋다. 사랑은 언제나 닳아버린 마음만큼 짙은 추억을 남기고 떠나기에 어떤 불공평함조차 용서가 된다. 눈을 감기 전까지 나의 모든 것이 닳아 없어져도 슬프지 않을 사랑을 하고 싶다.

재료

숙주 한 줌, 오이 1개, 어묵 2~3개, 식초 1Ts, 간장 2Ts, 들기름 2ts, 통깨 1ts, 후추 적당량, 식용유

만드는 법

오이는 채 썰고 어묵은 먹기 좋은 크기로 썬다. 어묵은 달군 프라이팬에 식용유를 두르고 겉이 노릇하도록 살짝 굽는다. 끓는 물에 숙주를 15초가량 데쳐 찬물에 헹군 뒤 물기를 잘 제거한다. 숙주는 큼직하게 반 정도 길이로 썬다. 볼에 모든 재료를 넣고 무친다. 냉장고에 1시간 이상 넣어 차게 식힌다.

Tip.
요리의 기본 중의 기본은 바로 온도다. 어떤 음식이든 온도 하나만 잘 맞춰도 성공할 확률이 높아진다. 차가운 냉채도 아무리 맛있게 요리한들 온도가 미지근하면 아쉽다. 반드시 냉장고에 넣어 차갑게 한 뒤 맛보길 추천한다.

부추

채소 중 가장 따뜻한 기운을 가진 부추. 부추는 놀라우리만큼 웬만한 요리에 다 잘 어울린다. 부추전, 부추만두, 부추칼국수, 부추빵까지. 손질법도 보관법도 어렵지 않은 털털함 또한 매력 포인트다. 요리를 하다 보면 시행착오를 많이 겪는데, 재료가 고급스럽거나 다루기 어려운 경우엔 긴장해서 실수가 더 잦아진다. 그래서일까. 부추를 요리하고 있자면 오히려 잘하고 있다고 부추에게 위로를 받는 기분이다.

부추와 돼지고기로
파스타를 말다

아무리 노력해도 되돌릴 수 없는 것들이 있다. 불어버린 자장면, 태워버린 냄비, 녹아버린 아이스크림, 그리고 허무하게 끝나버린 너와의 인연. 맥주를 유리컵에 담아 마시는 걸 좋아하는데, 탄산에 취약하기 때문에 매우 느린 속도로 마시게 된다. 그래서 항상 눈앞엔 김빠진 맥주가 덩그러니 놓여있다. 어느 순간부터는 그 상태 그대로의 맥주를 좋아하게 되어버려 요즘엔 종종 김이 빠지길 기다렸다 마신다. 노력으로 되돌릴 수 없다면 변색되어버린 상태를 좋아해보려 애쓰는 발버둥일지도 모른다. 언젠가 시간이 좀더 흐르면 너와의 인연이 끝나버린 마음에도 익숙해질 수 있을까. 이 공허함을 채우려면 탄산이 빵빵한 맥주 몇백 캔을 원샷해야 할 것만 같다.

재료

부추 50g, 다진 돼지고기(가지, 느타리버섯, 토마토 등 채소로 대체해도 좋다) 50g, 청주 1Ts, 마늘 3쪽, 페페론치노 2개, 파스타 면 80g, 올리브오일 2Ts, 소금, 후추

만드는 법

냄비에 물을 담고 소금을 넣어 파스타 면을 삶는다. 마늘은 슬라이스한다. 부추를 6~7cm 길이로 썬다. 프라이팬에 올리브오일을 두르고 마늘, 부순 페페론치노를 넣어 약한 불에 올린다. 마늘 향이 올라오면 돼지고기를 넣고 불을 올려 익힌다. 청주를 두른다. 고기가 다 익으면 부추와 익은 파스타 면, 면수 반 국자를 넣고 1분가량 볶는다. 소금, 후추로 간을 맞춘다.

부추와 꽁치로
우동을 말다

얼마 전 가게 사람들이 '구멍 손'이라는 별명을 지어줬다. 하루에 열두 번도 더 물건을 떨어뜨리고 재료를 흘리고 넘어지는 덤벙이 성격 때문이다. 아마도 원인은 쉼 없이 돌아가는 생각의 굴레에 있는 것 같다. 고요하고 푸르른 초원에 살았다면 걸리지 않았을 생각 조절 장애다. 수많은 사람과 사물들을 마주해야 하는 삶 속에선 얼마나 더 단단하고 무뎌져야만 하는 것일까. 무언가를 손에서 놓쳐버릴 때마다 균형을 잡지 못하는 서투름에 가슴이 먹먹해진다.

재료

부추 50g, 꽁치 적당량, 우동 면 1인분, 간장 1Ts, 참기름 1Ts, 온천달걀 1개(《겨울의 일기》 아보카도 편 참고), 가쓰오부시 적당량, 소금

만드는 법

부추를 4~5cm 길이로 썬다. 꽁치는 잘 손질하여 뼈를 바르고 한 입 크기로 썰어둔다. 프라이팬을 달궈 참기름을 두르고 꽁치를 넣어 굽는다. 꽁치가 노릇해지면 부추를 넣어 살짝 볶은 뒤 불에서 내리고 볼에 담아 한숨 식힌다. 냄비에 물을 끓여 우동 면을 삶는다. 우동 면이 익으면 자루에 건져 찬물에 여러 번 헹군 뒤 물기를 뺀다. 꽁치와 부추가 담긴 볼에 우동 면, 간장, 가쓰오부시를 넣고 섞는다. 그릇에 담아 온천달걀을 올려 완성한다.

바질

얼마 전 들른 청량리 시장에서 바질을 1킬로그램 박스째 사면 싸게 주겠다는 아주머니의 흥정에 우유부단한 나는 지고야 말았다. 막상 집어 들기는 했는데 뭘 해야 하나 걱정이었다. 집으로 돌아와 박스를 여는 순간 "미쳤어!"라는 세 글자가 자연스레 입 밖으로 튀어나왔다. 나의 부케는 작약도 아마릴리스도 아닌 바질이어도 좋겠다. 어쩌면 바질의 향기에는 카페인이나 니코틴 성분이 함유되어 있는지도 모른다. 바질 박스 속에 코를 들이밀고 머리가 저려올 정도로 킁킁댔다. 오래도록 기억하고 싶은 향이다.

바질을 잘게 다져
버터 속에 굳히다

나에겐 네 살 터울의 언니가 있다. 언니는 나와 달리 안정적인 삶을 살며 잔잔한 호수 같은 미래를 꿈꾸는 사람이다. 그런 언니에게 며칠 전 한 남자를 소개해주었다. 회사원, 유쾌한 성격, 적당한 야망, 계획적인 재테크 등의 키워드를 가진 사람. 마치 요리를 할 때와 같은 기분으로 둘의 어울림을 상상해본다. 허브의 향긋함으로 구운 감자, 상큼한 귤잼을 올린 요거트, 쌉싸름한 커피와 바닐라 아이스크림을 곁들인 애플파이처럼. 세상만사가 나의 상상대로 흘러간다면 참으로 재미가 없겠지만 언니가 혹시 두 번째 데이트를 가게 된다면 바질 버터를 선물해보라고 해야겠다.

재료

버터 500g, 바질 50g, 레몬 ½개, 후추, 종이호일

만드는 법

상온에 꺼내놓아 부드러워진 버터에 바질을 잘게 다져 넣는다. 레몬즙을 내어 넣고 후추를 적당량 갈아 넣어 함께 잘 섞는다. 종이호일을 길게 뜯어 바질 버터를 올리고 김밥을 말듯 둥글게 정리한다. 사탕 모양으로 양 끝을 말아준다. 굳히는 모양은 자유롭게 선택하면 된다. 냉장고에 넣어 굳힌 다음 조금씩 썰어 요리에 사용한다. 간단하게 즐길 수 있는 법은 노릇하게 구운 빵 위에 발라 먹기. 찐 감자 위에 올려 먹거나, 볶음밥이나 채소볶음, 파스타를 요리할 때 넣어도 은은한 바질 향을 즐길 수 있다.

바질을 넣어 반죽한 뇨끼를
바질 페스토에 버무리다

탄산이 가득한 진저에일, 오래 절여 묵은 맛이 나는 레모네이드, 짓이긴 바질 잎이 얼음과 엉켜있는 바질 모히토. 투명한 유리잔 위로 동글동글 맺힌 물방울을 멍하니 바라본다. 멍하게 어딘가에 빠져 있거나 혹은 온 정신을 쏟아 어딘가에 취해 있어야만 무심하게 보낼 수 있는 더위다.

재료

1. 바질 페스토(바질 150g, 올리브오일 100~120ml, 호두와 잣 등의 볶은 견과류 20g, 마늘 2개, 소금, 후추)
2. 바질 뇨끼(감자 500g, 밀가루 1컵, 달걀 1개, 바질 페스토)
3. 파스타(바질 뇨끼, 올리브오일, 마늘, 올리브, 방울토마토, 버섯 등)

만드는 법

바질 페스토 볼에 재료를 모두 넣고 핸드블렌더로 곱게 간다. 빵이나 구운 채소, 샐러드 드레싱으로 사용할 경우에는 식초를 추가하고, 파스타 소스로 사용할 경우에는 올리브오일의 양을 늘린다.

바질 뇨끼 감자를 푹 삶아 껍질을 깐다. 볼에 감자를 넣고 곱게 으깬 뒤 밀가루, 달걀, 바질 페스토 약간을 넣고 반죽한다. 밀가루를 추가해가며 수제비와 비슷한 점도로 만든다. 완성된 반죽은 손가락 두 개 정도의 굵기로 둥글게 밀어 3~4cm로 자른다. 포크로 눌러 모양을 낸다.

파스타 먼저 냄비에 만들어둔 바질 뇨끼를 삶는다. 속까지 익으면 망에 건져둔다. 팬에 올리브오일을 두르고 슬라이스한 마늘을 넣어 약한 불에서 향을 낸다. 망에 건져둔 바질 뇨끼를 팬에 함께 넣어 노릇하게 굽는다. 기호에 따라 버섯이나 방울토마토, 올리브 등의 재료를 추가한다. 뇨끼와 나머지 재료가 적당히 익으면 불을 끄고 만들어둔 바질 페스토를 스푼으로 떠 넣어 버무린다. 그릇에 담아 후추와 파르메산 치즈로 마무리한다.

재료의 산책

여름의 일기

1판 1쇄 발행 2018년 10월 29일
1판 6쇄 발행 2024년 6월 20일

지은이 요나
펴낸이 송원준
편집인 김이경
책임편집 김건태
디자인 최인애
사진 안선근 요나

펴낸곳 ㈜어라운드
출판등록 제 2014-000186호
주소 03980 서울시 마포구 동교로51길 27 AROUND
문의 070 8650 6375
팩스 02 6280 5031
전자우편 around@a-round.kr
ISBN 979-11-88311-33-0